Extrait du "Guide de Wimereux et du Littoral Boulonnais"

par A. LAVOGEZ

Rédacteur-Propriétaire du « Wimereux-Plage »

CHALETS & VILLAS

DE LA

PLAGE DE WIMEREUX

(Pas-de-Calais)

PLAN

DE LA

STATION BALNÉAIRE

Dressé par M. E. B...

Plan mis à jour jusqu'en Avril 1903

Prix : 0 fr. 75

En Vente dans toutes les librairies & agences

AVRIL 1903.

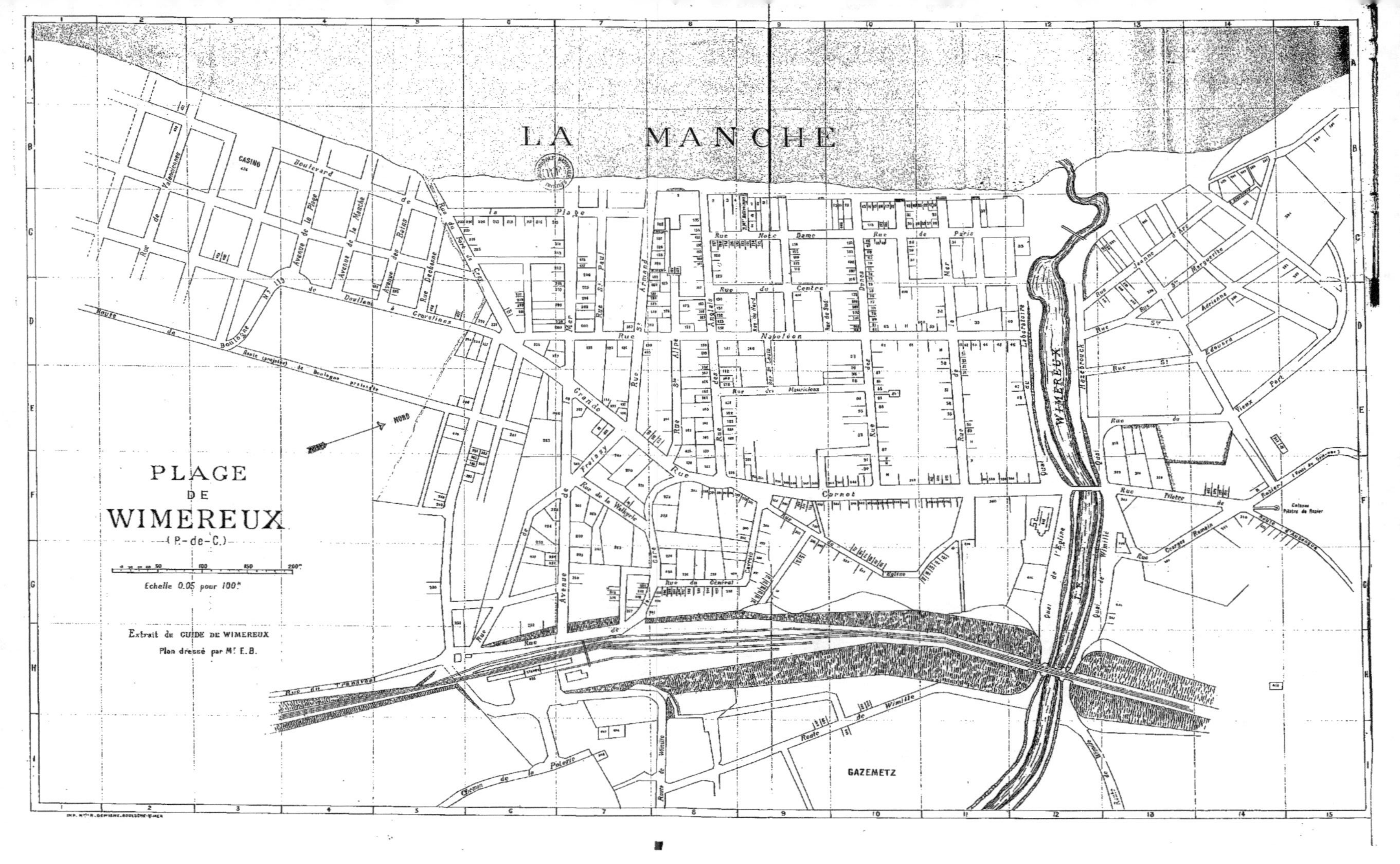

LA MANCHE
WIMEREUX
GAZEMETZ
PLAGE
DE
WIMEREUX
(P.-de-C.)
Echelle 0.05 pour 100m.
Extrait du GUIDE DE WIMEREUX
Plan dressé par M. E.B.
NORD
CASINO
Boulevard de la Plage
Avenue de la Manche
Avenue des Bains
Rue Decbesane
Rue du Fort de Croy
à Gravelines
Route de Boulogne
Route projetée de Boulogne prolongée
la Plage
Rue St Paul
Rue de la Mer
Rue Armand
Rue St Alpe
Rue des Anglais
Rue Notre Dame
Rue du Centre
Rue du Nord
Rue du Sud
Rue Danto
Rue de Paris
Rue de la Mer
Napoléon
Rue St Louis
Rue des Mauriciens
Grande Rue
Rue Fresigy
Carnot
Rue de la Wallonie
Avenue de la Gare
Rue du Général
Carroi
Rue de l'Église
Quai Hazebrouck
Quai de Wimille
Quai de l'Église
Rue Jeanne
Rue Ste Marguerite
Rue Adrienne
Rue St Édouard
Rue Pilote
Rue Vieux Port
Rue Georges Romain
Route de Wimille
Chemin de la Poterie
Route de Wimille
Rue du Transvaal
Coteau Notre de Rosier

Extrait du "Guide de Wimereux et du Littoral Boulonnais"
par M. LAVOGEZ
Rédacteur-Propriétaire du « Wimereux-Plage »

CHALETS & VILLAS

DE LA
PLAGE DE WIMEREUX

(Pas-de-Calais)

⚫ PLAN ⚫

DE LA

STATION BALNÉAIRE

Dressé par M. E. B...

AVRIL 1903.

LISTE DES VILLAS & CHALETS

CLASSÉS

Dans l'Ordre Numérique du Plan

Les indications placées après chaque nom servent à retrouver le numéro sur le plan. En suivant horizontalement la ligne correspondant aux lettres et verticalement la ligne correspondant aux chiffres on arrive, à leur jonction, au carré dans lequel se trouve le numéro dont on cherche l'emplacement.

OBSERVATIONS

N. *Chalets nouveaux en construction dont les noms ne sont pas encore connus.*

R. *Numéros réservés pour des terrains sur lesquels on doit construire prochainement.*

S.N. *Villas et Chalets sans noms.*

Les quelques Chalets de Gazemetz sont numérotés depuis 601.

1	Grand Hôtel (de la Manche)........	C. 8
2	Neptune.....................	C. 8
3	L'Épave.....................	C. 8
4	L'Ouragan...................	C. 8
5	Clémence....................	C. 9
6	Félicité....................	C. 9
7	St-Augustin.................	C. 9
8	Ste-Thérèse	C. 9
9	Charles-Marie...............	C. 9
10	Marguerite-Marie............	C. 10
11	L'Éclair....................	C. 10
12	La Rafale...................	C. 10
13	La Corvète..................	C. 10
14	L'Aviso....................	C. 10
15	Le Corsaire.................	C. 10
16	Thérèse-Yvonne..............	C. 10
17	R.	C. 10
18	Les Clématites..............	C. 10
19	Brise-Lames.................	C. 10
20	Rayon-Vert..................	C. 10
21	Le Torpilleur...............	C. 11
22	La Goëlette.................	C. 11
23	Les Ramiers.................	C. 11
24	St-Ange.....................	C. 11
25	La Voile....................	C. 11
26	Syrius......................	C. 11
27	Grain-de-Sable..............	C. 11
28	Le Mascaret	C. 11
29	Bon Secours.................	C. 11
30	Jenny.......................	C. 10
31	Jean-Bart...................	C. 10
32	La Esmeralda................	C. 11
33	N.	C. 12
34	Jeanne-Henri (villa)........	C. 11
35	Grisélidis..................	C. 10
36	Marie	C. 10
37	Louise......................	C. 10
38	Mentor (villa) *(Mentor House)*	D. 11
39	Bon Accueil (villa du)...............	D. 11
40	Laboratoire.................	D. 10

41	Pervenches	D.	11
42	Les Iris	D.	11
43	Daisy	D.	11
44	Fantaisie	D.	11
45	Paulette (villa)	D.	11
46	Graziella (villa)	D.	12
47	Les Oiseaux	E.	12
48	Les Lyciets	E.	12
49	Les Gardenias	E.	11
50	Les Vignes	E.	11
51	Porte-Bonheur	D.	11
52	Marie-Berthe	D.	11
53	Belle-Vue	D.	11
54	Mon Plaisir	D.	11
55	Les Mésanges	D.	11
56	Les Algues	E.	11
57	Les Lierres (Mairie)	E.	11
58	Marie-Louise	D.	11
59	Le Cygne	D.	11
60	Maurice-Eugène (villa)	D.	11
61	Les Sablons	D.	10
62	Au Petit-Bonheur (1810)	D.	10
63	Les Oyats	D.	10
64	Louise-Marie	C.	10
65	Les Parisiens	C.	10
66	La Bourrasque	C.	10
67	N.-D. de la Mer	C.	10
68	Les Falaises	C.	10
69	La Rochette	C.	10
70	Sorrento (chalet)	C.	10
71	Les Camelias	C.	10
72	Paul-Maurice	C.	10
73	Paul-André	C.	10
74	Les Aulnes	C.	10
75	La Brise	D.	10
76	Beau-Séjour	D.	10
77	Les Buttes	D.	10
78	Les Alcyons	D.	10
79	Amélie (chalet)	D.	10
80	Sans-Souci	D.	10

GRAND
CASINO DE WIMEREUX

M. BÉRENGER

❧ DIRECTEUR ET PROPRIÉTAIRE ❧

Ouverture en Juillet 1903

GRANDES REPRÉSENTATIONS THÉATRALES

Concerts Classiques

CAFÉ-RESTAURANT
DE 1.er ORDRE — EN FRONT DE MER

Entrée Libre du Café-Restaurant

TOUS LES JOURS

CONCERT SYMPHONIQUE

Le seul Casino du Littoral offrant le plus
grand confort moderne

81	Les Goëlands	D.	10
82	La Plage (chalet de)	D.	10
83	Les Mouettes	D.	10
84	Mignon-Cottage	E.	10
85	Les Vacances	E.	10
86	Les Rochers	E.	10
87	Les Colibris	E.	10
88	Les Bengalis	E.	10
89	Villa Maritime	E.	10
90	Les Varechs	F.	10
91	Les Lichens	E.	10
92	Les Dunes	E.	10
93	St-Joseph (Chrysanthèmes)	E.	10
94	Jeanne-d'Arc (villa)	E.	10
95	St-Léon	E.	10
96	Ste-Marie	E.	10
97	Paul et Virginie (chalet)	D.	10
	(La case Mauricienne)		
98	Le Château Mauricien	D.	10
99	R	D.	10
100	Marie-Madeleine	D.	10
101	Les Lutins	D.	10
102	La Paimpolaise	D.	10
103	L'Islandais	D.	10
104	Petit-Poucet	D.	10
105	Les Rameaux	D.	10
106	Stanislas	C.	10
107	St-Dominique	C.	10
108	Les Fauvettes	C.	10
109	N	C.	10
110	R	C.	10
111	Mongolia	C.	10
112	Fuschia	C.	10
113	La Frégate	C.	10
114	L'Angelus	C.	9
115	L'Izba	C.	9
116	L'Aiglon	C.	9
117	R	C.	9
118	Mon Château	C.	9
119	Ste-Rosalie	C.	9

120	St-Alphonse	C.	9
121	Cendrillon	C.	9
122	N.-D. des Dunes	C.	9
123	Lamoricière	C.	9
124	De Sonis	C.	8
125	Ozanam	C.	8
126	Ste-Sophie	C.	8
127	Maris Stella	C.	8
128	Les Orchidées	C.	8
129	Cyrano (villa)	C.	8
130	La Marmaille	D.	8
131	Les Cévennes	D.	8
132	Les Galets	D.	8
133	Le Rouge-gorge	D.	8
134	Le Roitelet	D.	8
135	Léontine	C.	8
136	Saint Louis	C.	8
137	Le Martin-Pêcheur	C.	8
138	Villa Aimée	C.	8
139	Les Liserons	C.	8
140	Saint Martin (chalet)	C.	8
141	Saint Jules (chalet)	C.	8
142	Sainte Cécile	D.	8
143	Faust (villa)	D.	8
144	Yvonne (villa)	D.	8
145	Charles (villa)	D.	8
146	Les Vagues	D.	9
147	Eole	D.	8
148	Lakmé (villa)	D.	8
149	André (chalet)	E.	8
150	Marcelle (chalet)	E.	8
151	Les Aubépines	E.	8
152	Charlotte (villa)	E.	8
153	Andrew house	E.	8
154	Les Pâquerettes	E.	8
155	R	E.	8
156	Hôtel de la Plage	F.	8
157	Les Œillets	F.	8
158	Valentine	F.	8
159	Les Tamaris	E.	8

160	Notre-Dame (chalet)	E.	8
161	Les Papillons	E.	8
162	Les Crabes	E.	8
163	Saint Hubert	E.	8
164	Jeannette (villa)	E.	8
165	Maurice (villa)	E.	8
166	Les Sorbiers	E.	8
167	Phœbus	E.	8
168	Phébé (sic)	D.	8
169	Saint André (villa)	D.	8
170	Lucie (chalet)	D.	8
171	Les Eglantiers	D.	8
172	Saint Henri	D.	8
173	Jumeau Nord	D.	8
174	Jumeau Sud	C.	8
175	Les Cygnes	C.	8
176	Les Nielles	D.	8
177	Les Mimosas	D.	8
178	Les Blés	D.	8
179	Les Flamants	D.	8
180	Mon Rêve	D.	8
181	Hirondelles (chalet des)	D.	8
182	Les Violettes	D.	8
183	La Cigale	C.	8
184	Alice-Marie (villa)	C.	8
185	Les Platanes	C.	8
186	Les Flots	C.	8
187	Suzanne (villa)	C.	8
188	Mireille (villa)	C.	8
189	Les Azious	D.	7
190	Bon Papa	D.	7
191	Les Bruyères	D.	7
192	Les Sables	D.	7
193	Chalet Bon accueil	D.	8
194	N	E.	7
195	N	E.	7
196	Agence Larivière	E.	7
197	N	E.	7
198	N	E.	8
199	N	E.	8

200	N.	E.	8
201	N.	E.	8
202	Jardin Bon accueil	D.	7
203	L'Albatros	D.	7
204	Le Souvenir	D.	7
205	Les Petits Carreaux	D.	7
206	La Maisonnette	C.	7
207	Mon Foyer	D.	7
208	La Bienvenue	D.	7
209	Christine	D.	7
210	N	D.	7
211	N	C.	7
212	Mon Caprice	C.	7
213	Beau Rivage	C.	7
214	Brise Folle	C.	7
215	Saint Pierre	C.	7
216	Saint Paul	C.	6
217	N	C.	6
218	Saint Georges (villa)	C.	6
219	S. N.	C.	6
220	Flore (chalet)	C.	6
221	Flandre	C.	6
222	Artois	C.	5
223	Eurvie	C.	6
224	Les Crevettes	C.	6
225	Les Moineaux	C.	6
226	N	D.	6
227	N	D.	6
228	N	D.	6
229	N	D.	6
230	N	D.	6
231	Edmond-Augustine (villa)	D.	6
232	Café de la Terrasse	D.	6
233	Bel Air	D.	5
234	Magloire	D.	5
235	Boulonnais (chalet)	D.	6
236	Nadaud (chalet)	D.	6
237	Saint Maurice (chalet)	D.	6
238	N	D.	6
239	Charles-Claire	D.	6

240	Velléda	E.	6
241	Les Muguets	E.	6
242	Les Primevères,	E.	6
243	Les Abeilles	F.	6
244	Léonard	E.	6
245	Joséphine	E.	6
246	Les Trêfles	F.	6
247	Les Amaryllis	F.	6
248	Des Sirènes (villa)	F.	5
249	Amphytrite (villa)	F.	5
250	Saint Patrick	G.	5
251	L'Amitié	G.	5
252	Hôtel de Paris	G.	6
253	Les Cyclamens	F.	6
254	Saint Michel	F.	6
255	Brunhilda	F.	6
256	Mignon	G.	6
257	Le Castel	G.	6
258	Excelsior	G.	7
259	Chardon Bleu	G.	7
260	Bagatelle	F.	7
261	Marie-Amélie	F.	7
262	Sainte Ide	F.	7
263	Ave Maria	F.	7
264	La Valkyrie	F.	7
265	La Tempête	E.	6
266	Tourbillon	E.	7
267	Les Marguerites	E.	7
268	La Bricole	F.	7
269	St-Jean	F.	7
270	Villa Nemo	F.	7
271	Le Valentin	F.	7
272	Les Chimères	F.	8
273	Gabrielle (chalet)	F.	8
274	L'Aiglon	G.	8
275	Estelle (villa)	G.	7
276	Jean (villa)	G.	7
277	Café de la Gare	G.	7
278	Marie-René (villa)	G.	7
279	Laure-Juliette (villa)	G.	7

GRAND HOTEL

Wimereux-Plage

150 CHAMBRES TÉLÉPHONE

MULIER PÈRE & FILS

ÉTABLISSEMENT DE BAINS CHAUDS - CABINES DE BAINS DE MER

Location de Costumes de Bains de Mer

GRAND CAFÉ-TERRASSE EN FACE DE LA MER

Le seul Hôtel situé sur la Plage et baigné par la Mer à chaque Marée

GARAGE D'AUTOMOBILES & DE VÉLOS - CHAMBRE NOIRE POUR PHOTOGRAPHES

OMNIBUS DE L'HOTEL A TOUS LES TRAINS
ET À L'ARRIVÉE DES BATEAUX DE FOLKESTONE A BOULOGNE

TABLE D'HOTE { Déjeûner à midi.... **3 fr. 50**
Dîner à 7 heures.... **4 fr. »**

CAVES RENOMMÉES

SALLES A MANGER PARTICULIÈRES POUR FAMILLES

Boîte aux Lettres dans l'Hôtel

PRIX A FORFAIT POUR FAMILLES

Un Orchestre est attaché à l'Etablissement

280	La Smala	G.	7
281	Hôtel de la Gare	G.	8
282	Les Fougères	G.	8
283	Le Dauphin	G.	8
284	Les Accacias	G.	8
285	Bon Air	G.	8
286	Les Anémones	G.	8
287	Les Géraniums	G.	8
288	Des Perles (villa)	G.	8
289	Les Ammonites	G.	8
290	Pilâtre de Rozier (villa)	G.	8
291	Les Erables	G.	8
292	Les Myosotis	G.	8
293	Les Roses	G.	9
294	Le Clos Marie	G.	8
295	L'Etoile	G.	8
296	La Tourelle (chalet de)	G.	9
297	Fleurange (villa)	G.	9
298	Villa Dona	G.	9
299	Les Alouettes	F.	9
300	Le Trayas	F.	9
301	Josépha (villa)	F.	9
302	Les Giroflées	F.	9
303	Cercle-Casino	F.	8
304	Epicerie Tondu } Chalet	F.	8
305	Pâtisserie Gosset } Haute-Vue	F.	8
306	Villa Edouard	F.	8
307	A l'Espérance	F.	8
308	Les Résédas	F.	8
309	Marthe-Suzanne	F.	9
310	Jean-Georges	F.	9
311	Jeanne-Marie	F.	9
312	Les Jasmins	F.	9
313	Thalassa	G.	9
314	Agitato	G.	9
315	Mirabelle	G.	9
316	Louis-Albert	G.	9
317	Louise-Yvonne	G.	9
318	Marie-Louise	G.	9
319	Ste-Flora	G.	9

320	Ste-Léa	G.	9
321	Carmen (villa)	F.	9
322	Villa Joyeuse	F.	9
323	Ma Hutte	F.	9
324	La Vigie	G.	10
325	Plaisance (villa)	G.	10
326	Raymond (villa)	G.	10
327	La Liane	G.	10
328	Célina Marie	G.	10
329	Les Pavots	G.	10
330	N	G.	10
331	Coucou	G.	10
332	Thistle	G.	10
333	Usine au Gaz	G.	11
334	N	G.	11
335	Les Glycines	G.	11
336	Les Pivoines	G.	11
337	Les Cytis	G.	11
338	Hôtel de l'Union	F.	11
339	Les Coquelicots	F.	11
340	A Jeanne d'Arc	F.	11
341	Les Tilleuls (J. Malahieude, entrep.)	F.	11
342	Hôtel des Bains	F.	10
343	S. N. (Docteur Verbèke)	F.	10
344	N	F.	10
345	Pauline (Docteur Mahieu)	F.	10
346	Au Touriste	F.	9
347	Café du Centre	F.	9
348	Tri-Auto (villa)	F.	9
549	Les Dahlias	F.	9
350	Les Turqoises (Postes et Télég.)	F.	9
351	Hôtel de Wimereux	F.	9
352	Villa Pierre Roger	E.	9
353	S. N.	E.	9
354	Hôtel Continental	F.	9
355	Les Peupliers	F.	9
356	Georges (villa)	F.	9
357	Georgette (villa)	F.	9
358	Les Bleuets	F.	9
359	Agence Bataille	F.	9

360	Villa des Familles	F.	10
361	Les Mauves	F.	10
362	Ecole de Garçons	F.	10
363	Pharmacie	F.	10
364	Au Rendez-vous des Chasseurs	F.	12
365	Hotel Beau Rivage	F.	13
366	Hotel Belle Vue	F.	13
367	La Source	G.	13
368	Villa du Ballon	G	13
369	S. N.	F.	14
370	Chalet du Ballon	F.	14
371	Cottage du Ballon	F.	14
372	Villa Constance	E.	13
373	Villa Gayant	F.	13
374	l'Eventé	F.	13
375	Villa Charmante	F.	13
376	Alix (villa)	F.	14
377	Les Perce-Neige	F.	14
378	La Descente du Ballon	F.	14
379	l'Elysée	E.	14
380	Ma Retraite	D.	14
381	Brise Vent	C.	15
382	Les Courlis (chalet)	C.	15
383	La Solitude	C.	14
384	Villa des Fleurs	C.	15
385	L'Avancée	B.	15
386	La Ruche	B.	15
387	Marguerite (villa)	B.	14
388	Alexandre (chalet)	B.	14
389	Loulou	B.	14
390	Robinson	B.	14
391	l'Ermitage	B.	14
392	Théodore	C.	14
393	Le Gui	C.	14
394	Villa Joliette	C.	13
395	Les Glynettes	C.	13
396	Les Grisards (1)	C.	13
397	Les Grisards (2)	C.	13
398	Montmartre (villa)	D.	13
399	La Chaumière	D.	13

400	Les Talitres	D.	13
401	Les Ajoncs	D.	13
402	La Prairie	D.	13
403	Julienne (villa)	F.	10
404	Thaïs (villa)	F.	10
405	S. N.	F.	10
406	La Civette	F.	10
407	N	D.	10
408	St-Eloi (villa)	F.	11
409	Fidelio	C.	10
410	Brasserie de Wimereux (Ch. Lebeurre)	H.	14
411	l'Etoile du Nord	F.	11
412	S. N. (chambres)	F.	11
413	Café des Promeneurs	F.	11
414	Restaurant du Sud	E.	7
415	Eglise	F.	12
416	Ecole des Filles	G.	12
417	N	C.	7
418	N	C.	7
419	Pax	E.	5
420	N	E.	5
421	Lucienne (chalet)	E.	8
422	N	G.	6
423	Jardin	G.	8
424	Casino	B.	3
425	Gare	H.	6
426	Huybrecht (loueur)	G.	13
427	N	D.	5
428	N	D	5
429	Villa du Casino	C.	3
430	Villa Etienne	C.	3
431	Villa de la Digue	A.	2
432	Villa du Port	B.	2
433	N	D.	7
434	N	D.	9
435	N	F.	14
436	Les Genêts	G.	8
437	N	F.	10
438	N	F.	10
439	N	F.	10

440	N	F.	10
441	N	F.	11
442	S. N	F.	11
443	S. N	F.	11
444	S. N	F.	11

GAZEMETZ

601	Chez Nous	H.	10
602	Antoinette	H.	10
603	Eugène	H.	9
604	Louise	H.	9
605	Yvonne	I.	10
606	S. N	I.	7
607	S. N	I.	7
608	Villa des Roses	I.	7

G

GRAND HOTEL DE LA PLAGE

Joseph DOBELLE

PROPRIÉTAIRE

Pension depuis 7 fr par jour, tout compris

Petit Déjeuner, 2e Déjeuner à 11 h. 1/2

Dîner à 6 heures 1/2, Bière comprise.

TÉLÉPHONE

AMEUBLEMENT MODERNE

Appartements pour Familles

SALONS DE LECTURE

CHAMBRES AVEC VUE SUR LA MER

JARDIN DANS L'HOTEL

Sonneries Electriques dans les Chambres

ARRANGEMENTS POUR FAMILLES

Cet hôtel spécialement recommandé aux bonnes familles est situé près de la plage, à la descente des tramways électriques et de la gare, près du bureau de poste et à quelques minutes de l'église.

Liste Alphabétique des Chalets & Villas

243	Abeilles (les)	F.	6
284	Acacias (les)	G.	8
314	Agitato	G.	9
116	Aiglon (l')	C.	9
274	Aiglon (l')	G.	8
138	Aimée (villa)	C.	8
401	Ajoncs (les)	D.	13
203	Albatros (les)	D.	7
78	Alcyons (les)	D.	10
388	Alexandre (chalet)	B.	14
56	Algues (les)	E.	11
184	Alice-Marie (villa)	C.	8
376	Alix (villa)	F.	14
299	Alouettes (les)	F.	9
247	Amaryllis (les)	F.	6
79	Amélie (chalet)	D.	10
251	Amitié (l')	G.	5
289	Ammonites (les)	G.	8
249	Amphitrite (villa)	F.	5
149	André (chalet)	E.	8
153	Andrew house	E.	8
286	Anémones (les)	G.	8
114	Angelus (l')	C.	9
602	Antoinette	H.	10
222	Artois	C.	5
151	Aubépines (les)	E.	8
74	Aulnes (les)	C.	10
385	Avancée (l')	B.	15
263	Ave Maria	F.	7
14	Aviso (l')	C.	10
189	Azious (les)	D.	7
260	Bagatelle	F.	7
368	Ballon (villa du)	G	13
370	Ballon (chalet du)	F.	14

64	Louise-Marie	C.	10
37	Louise	C.	10
604	Louise	H.	9
317	Louise-Yvonne	G.	9
389	Loulou	B.	14
170	Lucie (chalet)	D.	8
421	Lucienne (chalet)	E.	8
101	Lutins (les)	D.	10
48	Lyciets (les) (Presbytère)	E.	12
323	Ma Hutte	F.	9
380	Ma Retraite	D.	14
234	Magloire	D.	5
206	Maisonnette (la)	C.	7
150	Marcelle (chalet)	E.	8
387	Marguerite (villa)	B.	14
10	Marguerite-Marie	C.	10
267	Marguerites (les)	E.	7
36	Marie	C.	10
261	Marie-Amélie	F.	7
52	Marie-Berthe	D.	11
58	Marie-Louise	D.	11
318	Marie-Louise	G.	9
100	Marie-Madeleine	D.	10
278	Marie-René (villa)	G.	7
127	Maris-Stella	C.	8
89	Maritime (villa)	F.	10
130	Marmaille (la)	C.	8
309	Marthe-Suzanne	F.	9
137	Martin-Pêcheur (le)	C.	8
28	Mascaret (le)	C.	11
165	Maurice (villa)	E.	8
60	Maurice-Eugène (villa)	D.	11
98	Mauricien (château)	D.	10
361	Mauves (les)	F.	10
38	Mentor (villa) *(Mentor House)*	D.	11
55	Mésanges (les)	E.	11
256	Mignon	G.	6
84	Mignon-Cottage	E.	10
177	Mimosas (les)	D.	8

———✄———

AGENCES
de location de Villas & Chalets

Hôtels, Pensions et Restaurants

365	Hôtel Beau Rivage	F.	13
366	» Belle Vue	F.	13
354	» Continental	F.	9
281	» de la Gare	G.	8
252	» de Paris	G.	6
156	» de la Plage	F.	8
338	» de l'Union	F.	11
351	» de Wimereux	F.	9
367	La Source (pension de familles)	G.	13
414	Restaurant du Sud (pension)	E.	7
364	Rendez-vous des Chasseurs (pension)	F.	12

CAFÉS

	Les hôtels	*Voir*
	Restaurant du Sud	*ci-*
	Rendez-vous des Chasseurs	*dessus*
347	Café du Centre	F.	9
277	» de la Gare	G.	7
232	» de la Terrasse	D.	6
413	» des Promeneurs	F.	11
378	» Descente du Ballon	F.	14
303	» Cercle-Casino	F.	8
424	» Casino	B.	3

DIVERS

415	Eglise	F.	12
57	Mairie (les Lierres)	E.	11
187	M. L. Delcourt, maire, (Suzanne)	C.	8
48	M. l'abbé G. Ponchaux, curé (les Lyciets)	E.	12
362	Ecole des garçons	F.	10
416	» des filles	G.	12
350	Postes, télégraphe, téléphone (les Turquoises)	F.	9
425	Gare du Chemin de Fer	H.	6
333	Usine au Gaz (Mr Vignolle)	G.	11
345	Docteur Mahieu (villa Pauline)	F.	10
343	Docteur Verbèke	F.	10
363	M. Guesnon, pharmacien	F.	10
426	Huybrecht, (loueur de voitures)	G.	13
351	Lorge-Dulot ....id	F.	9
406	Bureau de tabacs (à la Civette)	F.	10

LISTE

DES

AVENUES, BOULEVARDS, RUES, Etc.

Rue Agar	C.	8	—
» Alexandre	C.	14 à	B. 15
» Anglais (des)	F.	8 à	C. 8
Route Aubengue (d')	F.	14 à	G. 15
Avenue Bains (des)	D.	5 à	C. 5
Route Boulogne (de)	D.	4 à	D. 6
Rue Carnot	D.	6 à	F. 12
» Cavrois (du général)	G.	8 à	F. 9
» Centrale	C.	4 à	C. 6
» Centre (du)	D.	8 à	D. 10
» Dechesne	D.	5 à	C. 5
» Dunes (des)	F.	10 à	C. 10
» Eglise (de l')	F.	9 à	F. 11
Quai Eglise (l')	G.	12 à	F. 12
Rue Fort de Croy (du)	D.	6 à	C. 5
» Froissy (de)	H.	6 à	E. 7
» Gare (de la)	H.	6 à	F. 8
» Georges Romain	G.	13 à	F. 14
Route Gris-Nez (du)	F.	15	—
Rue Gervais (de l'amiral)	G.	7	—
Quai Hazebrouck	E.	12 à	C. 12
Rue Jeanne d'Arc	D.	12 à	C. 14
Quai Laboratoire (du)	F.	12 à	C. 12
Avenue Manche (de la)	D.	4 à	C. 4
» Mer (de la)	G.	7 à	C. 7
Rue Mer (de la)	F.	11 à	C. 11
» Mauriciens (des)	E.	8 à	E. 10

Rue Napoléon	D. 6	à D. 12
» Nord (du)	D. 9	—
» Notre-Dame	C. 8	à C. 10
» Paris (de)	C. 10	à C. 12
» Pilâtre de Rozier	F. 13	à F. 15
Chemin Poterie (de la)	I. 5	à I. 6
Avenue Plage (de la)	C. 4	à B. 4
Boulevard Plage (de la)	B. 4	à C. 7
Rue Sainte-Adrienne	D. 12	à C. 15
» Saint-Armand	E. 7	à C. 8
» Sainte-Aline	E. 8	à C. 8
» Saint-Edouard	D. 12	à D. 14
» Saint-Louis	E. 9	à D. 9
» Sainte-Marguerite	D. 12	à C. 14
» Saint-Maurice	H. 5	à D. 7
» Saint-Paul	D. 7	à C. 7
Rue Saint-Victor	F. 6	à D. 6
» Sud (du)	D. 9/10	—
» Transvaal (du)	H. 4	à H. 5
» Valenciennes (de)	D. 2	à A. 3
» Valkyrie (de la)	F. 7	—
» Vieux Port (du)	E. 13	à D. 15
» Watzon	C. 8	—
Route Wimille (de)	I. 8	à I. 13
Quai Wimille (de)	F. 12	à F. 13

232

VA PARAITRE

PROCHAINEMENT, le

GUIDE DE WIMEREUX

et du Littoral Boulonnais

par A. LAVOGEZ

Rédacteur-Propriétaire du « Wimereux-Plage »

EXCURSIONS

DANS LE BOULONNAIS

RENSEIGNEMENTS UTILES

AUX BAIGNEURS ET AUX TOURISTES

www.ingramcontent.com/pod-product-compliance
Lightning Source LLC
Chambersburg PA
CBHW051334060726
47596CB00004B/1608